交流整流子機

荻野 昭三 著

「d-book」シリーズ

http：//euclid.d-book.co.jp/

電気書院

目　次

1　交流整流子機一般

    1·1　交流整流子機の種類 1

    1·2　単相整流子電動機の原理 1

        (1)　直巻形 1

        (2)　反発形 3

    1·3　整流子形周波数変換機の原理 4

    1·4　三相整流子電動機の原理 6

        (1)　直巻形 6

        (2)　分巻形 7

1　交流整流子機一般

1·1　交流整流子機の種類

　交流整流子機は回転子に整流子を備え，交流電源より直接あるいは電磁誘導などによって通電する回転機であって，誘導機や同期機と異なり同期速度の上下広い範囲の回転速度で運転できるものである．

単相直巻電動機　**(1) 単相直巻電動機**
　トルクを発生する原理は直流直巻電動機と同じであり，交流のため電流の方向が変わるけれども，界磁電流も電機子電流も同時に極性が変わるため一定方向のトルクを発生する．小容量機は電気ドリルや家電品などに多用されている．

反発電動機　**(2) 反発電動機**
　固定子巻線に単相電流を与え，回転子には整流子を介して誘導電流を流してトルクを得るものである．本機の運転特性は単相直巻電動機と同じであるがブラシの位置を変えて回転速度や正逆転が行える．

三相直巻電動機　**(3) 三相直巻電動機**
　ギャップに発生する回転磁界は固定子，回転子両巻線に起電力を誘起する．整流子を介して回転子巻線に直列に接続することにより，同期速度の上下広範囲に回転速度の変わる直巻特性の電動機が得られる．

三相分巻電動機　**(4) 三相分巻電動機**
　一次巻線に三相交流を流し，一次巻線に誘導される電流によりトルクを発生する原理は巻線形誘導電動機と同じであるが，回転子に設けた整流子によって，周波数変換を行い，二次巻線に滑り周波数の外部起電力をそう入するようになっている．したがって，この二次そう入電圧の大きさを変えることによって，加減速定速度運転ができる．この電動機には給電方式により，固定子き電形と回転子き電形の2種があり，前者は付属の誘導電圧調整器で，また後者は整流子上に配置されているブラシを移動することによって速度を変更できる．

1·2　単相整流子電動機の原理

　(1) 直巻形

単相直巻電動機　図1·1は単相直巻電動機の原理を示している．

1 交流整流子機一般

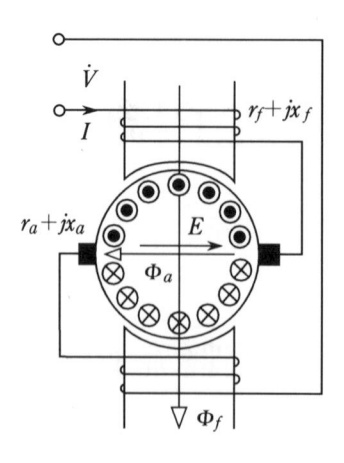

図1・1 単相直巻電動機の原理

　界磁巻線と電機子巻線とを直列にして交流電圧$\dot{V}$を与えるものとすれば，電機子が停止している場合，この回路には界磁巻線のインピーダンス$\dot{Z}_f = r_f + jx_f$と電機子巻線のインピーダンス$\dot{Z}_a = r_a + jx_a$とが存在するだけであり，しかも両巻線が作る磁束$\dot{\Phi}_f$と$\dot{\Phi}_a$は互いに直交していて相互誘導がないものとすれば，回路電流$\dot{I}$は

$$\dot{I} = \dot{V}/(\dot{Z}_f + \dot{Z}_a)$$

となる．そしてこのときには電機子電流Iと界磁束Φ_fとが図示のような位置であるため

$$\begin{aligned} T &= k_1 I \Phi_f \\ &= k_2 I^2 \quad (\because \Phi_f \propto I) \end{aligned} \quad (1\cdot 2)$$

$k_1,\ k_2$：係数

なるトルクが発生することになる．

　ここで直流電動機と異なるところは前述のように電流$\dot{I}$が交流であることである．(1・2)式は交流の実効値として$\dot{I}$なる電流を示しているけれども，瞬時を考えれば

$$i = \sqrt{2} I \sin(\omega t + \theta)$$

である．したがって各瞬時におけるトルクτは，$\theta = 0$として

$$\begin{aligned} \tau &= k_1 (\sqrt{2} I \sin \omega t) \times (\sqrt{2} \Phi_a \sin \omega t) \\ &= 2 k_2 I^2 \sin^2 \omega t \end{aligned} \quad (1\cdot 3)$$

脈動トルク｜となっているわけであり，図1・2に示すように脈動トルクを発生していることになる．

　しかしながら実際の電動機では回転子の慣性モーメントが存在し，これが脈動トルクを吸収するため，電動機軸には

$$T = \frac{1}{2\pi} \int_0^{2\pi} \tau dt = \frac{k_2 I^2}{\pi} \int_0^{2\pi} \sin^2 \omega t\, dt = k_2 I^2$$

平均トルク｜なる平均トルクしか発生しないことになる．

　電機子が速度Nで回転するとブラシ間には

$$\dot{E} = k_3 N \dot{\Phi}_a = k_4 N \dot{I} \quad (1\cdot 4)$$

の起電力を生じ，回路電流$\dot{I}$は

$$\dot{I} = \frac{\dot{V} - \dot{E}}{\dot{Z}_f + \dot{Z}_a} \quad (1\cdot 5)$$

となるから，(1·4)(1·5)の両式から

$$\dot{N} = \frac{\dot{V} - \dot{I}(\dot{Z}_f + \dot{Z}_a)}{k_4 \dot{I}} \tag{1·6}$$

直巻特性 となって，軽負荷で$\dot{I}$が少なくなると回転数が非常に上昇する直巻特性を有する．

ユニバーサルモータ この電動機は原理的に直流電源からでも使用でき，交直両用に使用できるユニバーサルモータも多用されている．

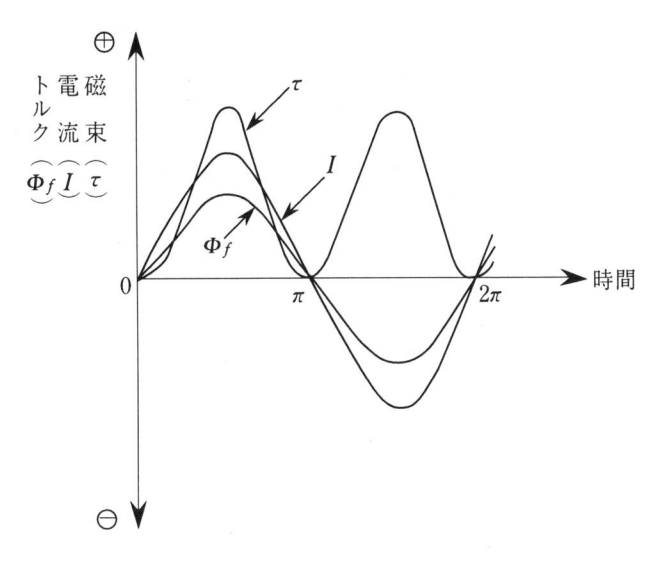

図1·2　直巻電動機の発生トルク，電流と磁束の関係

(2) 反発形

図1·3に示すように電機子巻線はブラシをへて短絡されている．

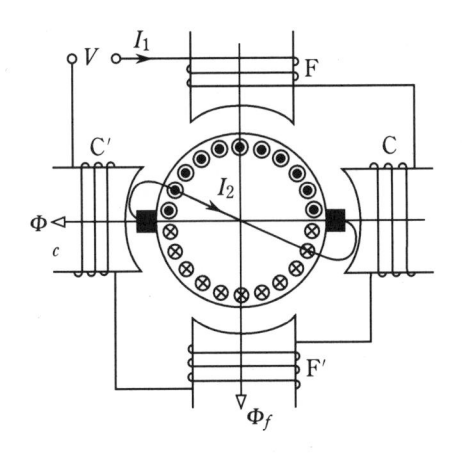

図1·3　補償反発電動機の原理図

以下，界磁と補償両巻線の励磁電流を省略して考えると，固定巻線の電流$\dot{I}_1$により界磁巻線で磁束Φ_fを，90度空間的位相を持つ補償巻線で磁束Φ_cを作る．電機子巻線は両磁束による起電力を誘起するがブラシが図1·3の位置にあるためΦ_cによる起電力を短絡する電流$\dot{I}_2$が補償巻線に対する電機子巻線の巻数比 $\alpha = N_a/N_c$ に逆比例して次の値で流れる．

$$\dot{I}_2 = \dot{I}_1/\alpha$$

始動トルク したがって反発電動機の始動トルクTは

$$T = k_1 I_2 \Phi_f = k_2 I_2 I_1 = k_3 I_2^2 \alpha \tag{1.7}$$

となり，前述の直巻電動機と同様な特性を有することになる．

1・3　整流子形周波数変換機の原理

図1・4に示すような直流発電機において，静止している磁束Φの中で電機子が角速度ωで回転すれば，静止しているブラシAA′の間には直流電圧

$$E = k\omega\Phi \quad (k：比例係数) \tag{1.8}$$

を誘起する．ただし電機子巻線自身には角速度ωの交番電圧が誘起している．

周波数変換作用

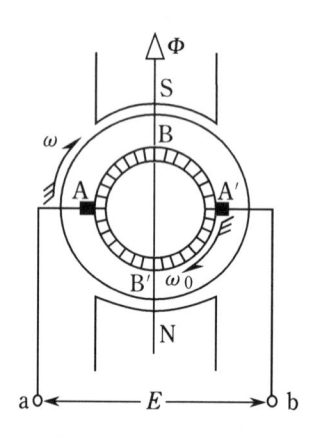

図1・4　周波数変換作用の原理

つぎにブラシAA′を整流子の周辺に沿って，図の矢印の方向に（あるいは逆の方向に）角速度ω_0で回転させるものとすれば，ブラシ間の電圧はつぎのように変化することになる．

$$e = k\Phi\omega\cos\omega_0 t \tag{1.9}$$

つぎに上述の作用は図1・5のようにブラシを動かさずに磁極NSを回転させることによっても得られる．いま磁束がブラシ軸に対して図示のようにω_0の角速度で回転するならば端子abに現れる電圧はやはり正弦波状に変化し，その角速度はω_0である．

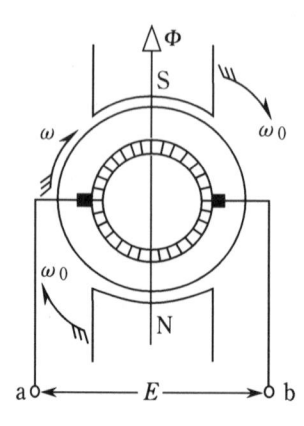

図1・5　周波数変換作用の原理

しかし，この場合図1・4と異なるところは，磁束Φと電機子巻線との相対速度はもはやωではなくなっていることである．磁束と電機子の回転方向を図1・5の方向へ

1・3 整流子形周波数変換機の原理

正とするならば，端子 ab に発生する電圧の瞬時値 e は

$$e = k\Phi(\omega - \omega_0)\cos\omega_0 t \tag{1・10}$$

となる．

整流子形周波数変換機

整流子形周波数変換機あるいは励磁機はこのような作用を利用したものである．

図 1・6 は 1 個の回転子上に等しい極数を有する 2 組の巻線を施したもので，その中の 1 組は 3 個のスリップリングに接続されブラシ ABC より三相電圧を受けている．他の 1 組は直流機の電機子巻線のように整流子に接続されている．

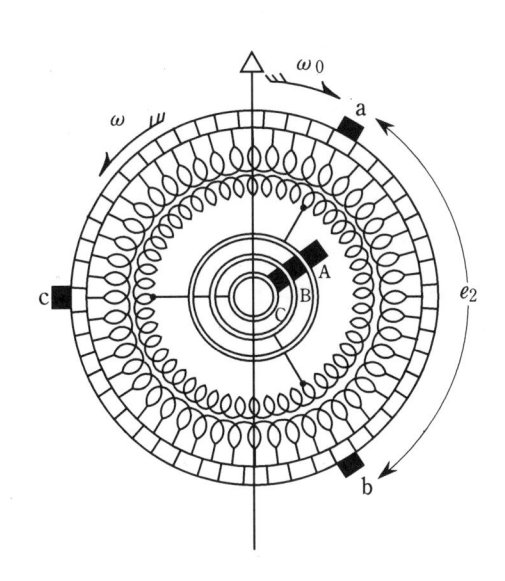

図 1・6 周波数変換作用

回転子を停止した状態で，スリップリングに周波数 f_1，電圧 V_1 の三相交流を与えると，角速度 $\omega_0 = 2\pi f_1$ （ただし 2 極巻を施したとして）なる回転磁束 Φ ができ，他の巻線には変圧器作用で電圧を誘起する．したがってブラシ abc の間では巻数比に応じた電圧

$$e_2 = E_2\cos\omega_0 t$$

が発生する．その後に回転子を図示の方向に角速度 ω で回転すると，整流子に接続されている巻線と回転磁界との相対速度は ω_0 であり不変であるから，ブラシ abc 間の電圧 E_2 は変化しない．しかし，ブラシ abc と回転磁界 Φ との相対速度は $(\omega_0 - \omega)$ となり，整流子上のブラシ間には

$$f_2 = \frac{f_1(\omega_0 - \omega)}{\omega_0} = sf_1 \tag{1・11}$$

なる周波数（s は滑り）の交流電圧

$$e_2 = E_2\cos(\omega_0 - \omega)t = E_2\cos s\omega_0 t \tag{1・12}$$

を得る．すなわち，回転速度を変えることによって一定の変圧で任意の周波数の電圧を得ることができる．

図 1・7 は三相巻線を施した固定子と等しい極数を有し，整流子に接続された回転子巻線を示したもので，固定子に周波数 f_1，電圧 V_1 の三相交流を与え，回転子を停止させる場合には，図 1・6 のときと同様にブラシ abc 間には

$$e_2 = E_2\cos\omega_0 t$$

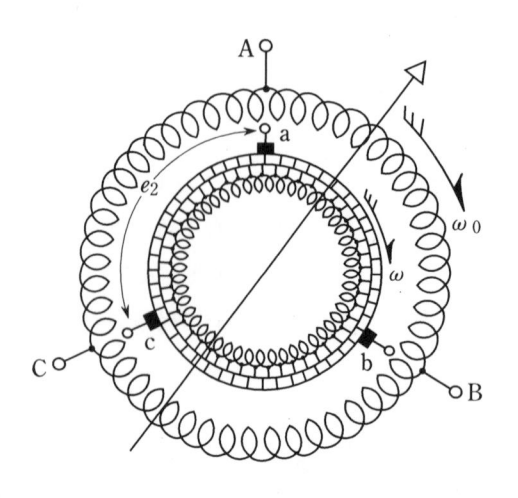

図1・7 周波数変換作用

の電圧を誘起する．つぎに回転子を図の方向に角速度ωで回転させると，ブラシと回転磁束との間の相対角速度はω_0で不変のため，ブラシ間の電圧の周波数はf_1で変わらないが，回転子巻線と界磁束との相対速度が$(\omega_0-\omega)$となるため，ブラシ間の誘起電圧は，

$$\frac{E_2(\omega_0-\omega)}{\omega_0}=sE_2 \tag{1・13}$$

として変化し

$$\begin{aligned}e_2 &= E_2\left\{\frac{\omega_0-\omega}{\omega_0}\right\}\cos\omega_0 t\\ &= sE_2\cos\omega_0 t\end{aligned} \tag{1・14}$$

を得る．すなわち，回転速度を変えることによってブラシ間に誘起する電圧のみ変化させ，その周波数は固定子に与えられた周波数と等しい値を保つことができる．

交流励磁機 低周波の励磁を固定子へ受け，ブラシより低周波の電力を送り出す交流励磁機はこの原理を利用したものである．

1・4　三相整流子電動機の原理

(1) 直巻形

図1・7の原理と誘導電動機の原理とを組合わせたものである．図1・8は原理を説明するための接続を示す．固定子巻線Aa，Bb，Ccに三相交流を与えると回転磁束を生じ，同時に回転子にも電流を通じてトルクを発生する．しかも回転子が滑りsで回転し$s>0$の範囲ではブラシabc間に発生する電圧e_2が印加電圧Vに加わるような方向にあるため，一次および回転子の両直列巻線には$V+sE_2$なる電圧が与えられたようになる（実際には$\dot{V}=\dot{E}_1+s\dot{E}_2$であり単純な代数和ではない）．したがって，$s=1$の停止では大電流が流れ大きなトルクを生じ，$s=0$においても誘導機のように二次電流が消失せずに加速を続け，$s<0$すなわち$\{V+(-s)E\}$の値が非常に小さくなる高速まで運転できることになる．

1・4 三相整流子電動機の原理

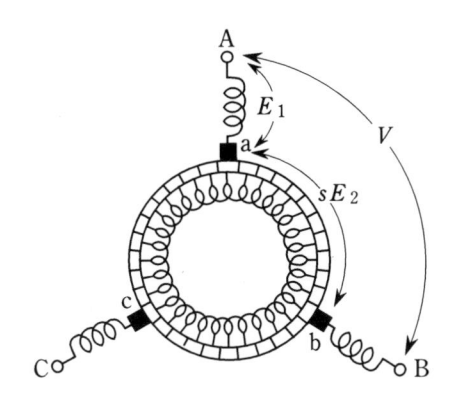

三相直巻電動機

図1・8 三相直巻電動機の原理

(2) 分巻形

分巻形電動機も整流子形周波数変換機の原理と誘導電動機の原理を組合わせたものである．図1・9は固定子き電形の原理的接続を示したもので，もしも整流子上のブラシより誘導電圧調整器に接続を行わないでブラシ相互を短絡した場合を考えてみる．

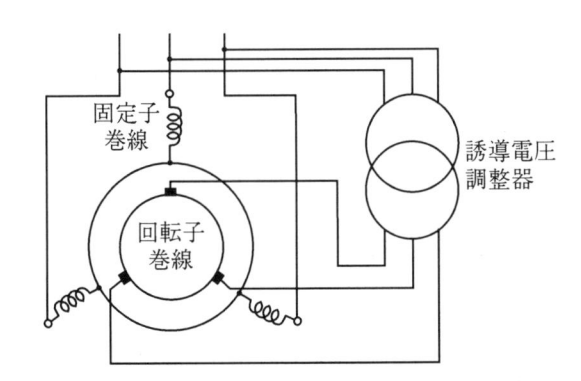

図1・9 固定子き電形三相整流子電動機

固定子き電形三相整流子電動機

固定子巻線に三相交流を流せば巻線形誘導電動機としてトルクを発生し回転する．このときブラシabcで短絡される二次電圧は (1・14) 式に示したように

$$e_2 = sE_2 \cos\omega_0 t$$

である．そして滑り $s=0$ まで加速し，それよりも増速も減速も困難なのが誘導電動機の特長でもある．

もしもこのような状態の回転子巻線に $E_2'\cos\omega t$ あるいは $-E_2'\cos\omega t$ なる電圧をブラシをへて与えた場合はどのようになるか考えてみる．

(1) $E_2'\cos\omega t$ の電圧を加えた場合，二次回路の合成起電力は

$$(E_2' + sE_2)\cos\omega_0 t$$

となり，滑り $s=0$ となっても，まだ E_2' の起電力が加えられているので二次電流は流れ得る．したがって，二次の回路の合成電圧が零に近くなるまで，すなわち

$$E_2' + sE_2 = 0$$
$$\therefore\ s = -(E_2'/E_2)$$

として，滑りが負の値（同期速度以上の速度）まで運転できることになる．

(2) $-E_2'\cos\omega t$ の電圧を加えた場合，二次回路の合成起電力は

$$(-E_2' + sE_2)\cos\omega_0 t$$

となるため

$$s = \frac{E_2'}{E_2}$$

として，同期速度以下の回転速度で二次電流が流れなくなり，低速度運転を行うことになる．

このように二次巻線にブラシと整流子を介することによって任意の電圧をそう入すれば，任意の速度で運転できることになる．このそう入電圧は図1・9に示した誘導電圧調整器である．

図1・10は回転子き電形の原理的接続を示したもので，トルクの発生原理は回転子に一次巻線を有し，固定子に二次巻線を備えた誘導電動機である．速度を調整する原理は前述の固定子き電形と同様に二次巻線に外部から電圧を正方向あるいは負方向にそう入する仕組になっている．ただし，この電動機ではそう入する電圧の周波数は滑り周波数でなければならない．したがって(1・12)式に述べた周波数変換の原理を使用することになる．

回転子き電形三相整流子電動機

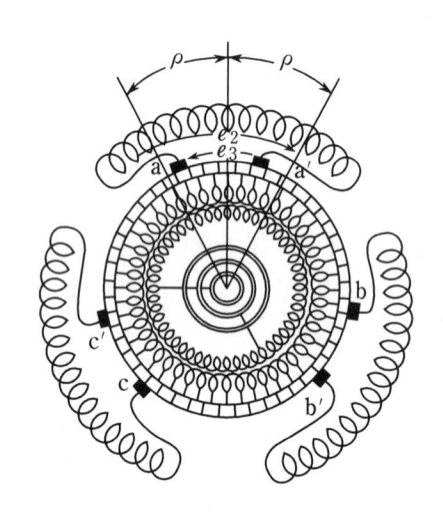

図1・10 回転子き電形三相整流子電動機

調整巻線

図1・10に示した回転子上の第三の巻線と整流子がその目的をはたしているわけであって，これを調整巻線と呼んでいる．しかしこれだけではブラシ間に現れる整流子上の電圧は一定値を保つだけであり，連続的な調整ができない．そこで，本機では，各相各対のブラシaa′, bb′, cc′をそれぞれ二次巻線の巻線中心軸に対して開いたり閉じたり移動し得るようにしている．このようにすれば各対のブラシ間に誘起する電圧は連続的に変化させることができ，図1・11のようにブラシを交差するよう

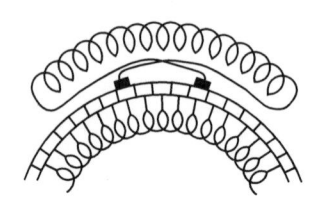

図1・11 ブラシの交差移動

1·4 三相整流子電動機の原理

に移動すれば，二次巻線に対して逆極性の電圧（したがって二次電圧とそう入電圧が加算される）をも導入できることになる．

索 引

カ行

回転子き電形三相整流子電動機 8
固定子き電形三相整流子電動機 7
交流励磁機 6

サ行

三相直巻電動機 1, 7
三相分巻電動機 1
始動トルク 3
周波数変換作用 4
整流子形周波数変換機 5

タ行

単相直巻電動機 1
調整巻線 8
直巻特性 3

ハ行

反発電動機 1
平均トルク 2

マ行

脈動トルク 2

ヤ行

ユニバーサルモータ 3

d – book
交流整流子機

2001年6月11日　第1版第1刷発行

著　者　荻野　昭三
発行者　田中久米四郎
発行所　株式会社電気書院
　　　　東京都渋谷区富ケ谷二丁目2-17
　　　　（〒151-0063）
　　　　電話03-3481-5101（代表）
　　　　FAX03-3481-5414
制　作　久美株式会社
　　　　京都市中京区新町通り錦小路上ル
　　　　（〒604-8214）
　　　　電話075-251-7121（代表）
　　　　FAX075-251-7133

印刷所　創栄印刷株式会社
ⓒ2001 Syozo Ogino　　　　Printed in Japan
ISBN4-485-42993-8　　　［乱丁・落丁本はお取り替えいたします］

〈日本複写権センター非委託出版物〉

　本書の無断複写は，著作権法上での例外を除き，禁じられています．
　本書は，日本複写権センターへ複写権の委託をしておりません．
　本書を複写される場合は，すでに日本複写権センターと包括契約をされている方も，電気書院京都支社（075-221-7881）複写係へご連絡いただき，当社の許諾を得て下さい．